水利精彩瞬间 · 2015

活动优秀作品集

中国水利报社　编

中国水利水电出版社
www.waterpub.com.cn

目录

［ 年度大奖 ］

排涝抢险 【○】

图／文　王林洪

　　2015年6月24日以来，安徽省颍上县境内普降大到暴雨，新长林排涝站及时开机排涝，机组全负荷投入运行，大量杂草堵塞了供水泵进水口及水泵叶轮室，2名队员艰难操作，经过近2个小时的紧急抢修，故障得以排除。正是泵站人无私奉献、敢于担当的精神，确保了排涝的顺利进行，最大限度地减轻了暴雨灾害带来的损失。

一根管子定成败

图/文　张强

　　鄂北水资源配置工程是国家172项重大水利工程之一，工程建成后将改变湖北南涝北旱的格局。在总长270公里的输水干线中，有76公里都是"倒虹吸"工程，该项工程处于老河口至枣阳的凹地区域，占干线总长的四分之一，管道深埋在3~8米的地下，该区域PCCP管要承受40米落差水头的压力，湖北省委决定在襄阳黄集镇进行5公里生产性试验，该试验成为270公里输水干线建设的"抓手"。

❶ 在丁东水库城市供水泵站，维修工人正在抢修，当日室内温度达到35℃以上

❷ 一位维修工人通过3米长的铁梯从水下爬上岸，由于铁梯在水中容易生锈，所以很容易将手划破

❸ 维修工人正在维修流道层的水泵叶轮，维修一个水泵叶轮需要在冰凉的水中泡上四五个小时

水库医生——生命之水的"守护神"

图/文 刘蒙

　　2015年8月6日上午9时许，丁东水库的机械负责人孟祥利穿上工装，换上雨鞋，下到入库泵站底部检修设备。入库泵站是丁东水库的主要枢纽之一，担负着蓄水充库的任务。一年来，入库泵站共完成蓄水5次，蓄水8514.57万立方米。泵站机组运行时间长，极易出现问题，很多易损件需及时更换。为了提高供水保证率，应对可能出现的突发事件，丁东水库城市供水泵站和恒升供水泵站同时运行，分别供水。三水厂和四水厂日供水量达到19万立方米，华鲁恒升日供水量达到了12万立方米。实现并联运行后，可互相调剂两个泵站的供水量，达到高效节能的目的，同时提高了因某个泵站机组出现故障时的供水保证率。

④ 几位维修工人正在吃午饭，一大盆焖饼就是简单的午餐

⑤ 在丁东水库入库泵站，工作在一线的泵站机组维修工人们在岸边小憩，为了保障水库蓄水和城市供水畅通，丁东水库的基层职工抗高温、战泥泞坚持在一线

高温下的饮水安全工程建设者

图/文 肖本祥 蔡辉 杨良强

2015年7月29日，安徽省繁昌县，地面最高温度超过50℃。在繁昌县长江引水改造扩建工程工地上，施工人员顶着烈日正在紧张工作，脸上的汗水如雨滴般落到地上，身上的衣服湿漉漉地紧紧贴在脊背上。据施工负责人介绍，为保证工程10月如期完工，在年底前让繁昌全县28万人都喝上优质的长江水，他们每天早上5点开工，晚上8点才收工，中间只有两个小时休息时间。

① 红衣小伙在搬运木工板时，把木工板顶在头上，享受一会儿阴凉也是快乐的

② 虽然衣服被汗水浸透，脸上的汗珠仍在下滴，但这挡不住工人施工作业的热情

③ 塔机引导员站在烈日下，通过对讲机引导操作员吊运器材

④ 累了，休息一会儿，擦擦汗

⑤ 在离地面近30米高的塔机操作室内，操作员把报纸贴在玻璃上，以抵挡烈日的照射

⑥ 工人们冒着高温铺设供水主管道

水利精彩瞬间·2015活动优秀作品集

战斗在秦岭深处的真汉子

图/文　杨玉田

　　引汉济渭调水工程地跨黄河、长江两大流域，是陕西省的"南水北调"工程。在秦岭山下几千米深的施工隧洞中，洞内温度高达45℃以上，工程建设者们以顽强的意志战胜高温，赤膊上阵，组装机械、堵漏抢险，谱写出一曲不畏艰难、敢于拼搏的壮丽乐章。

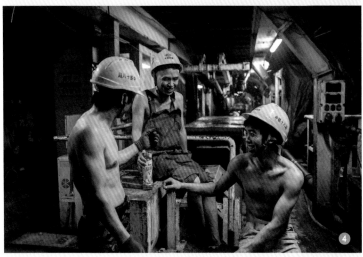

❶ 5号支洞内进行BTM机安装的汉子们，工间休息来张合影（从左到右分别是刘大全24岁、李军45岁、牟山林30岁、吴淑红42岁、王斌30岁）

❷ 隧洞施工高温潮湿，艰苦的工作环境正是建设者们实现人生价值的舞台

❸ 3号支洞出现漏水，工友们借着手电筒和手机的光亮在全力抢险

❹ 温度高达40℃以上，建设者们仍然保持着乐观昂扬的精神。图为5号支洞内休息的工友在聊天

水利精彩瞬间·2015活动优秀作品集

勇敢的水文人 [8]

图/文 杨晓锋

2015年8月13日下午，陕西省咸阳市泾河下游出现年最大洪峰，咸阳市泾阳县张家山水文站站长王晓斌带领郑晓宏、郭博峰、赵德有、李亚红等职工，测验泾河水位、流量、含沙量，并及时将雨水情信息传递给防汛部门，为防汛抢险和灌溉工程水量调度提供了可靠依据。图为泾河洪水流量测验。

整治中的骆马湖非法采砂船 【10】

图/文　李民政

　　为确保骆马湖防洪、生态和航运安全，切实保障南水北调和徐州、宿迁两市城乡居民饮用水水质安全，维护社会和谐稳定，徐州市人民政府、宿迁市人民政府、沂沭泗水利管理局于2015年5月26日联合发布通告，自2015年6月1日起，禁止任何组织或个人在骆马湖水域从事非法采砂活动。自6月禁采以来，整个湖区千余艘采砂船被责令集中停放，骆马湖上的非法采砂得到了遏制。图为整治中的非法采砂船只。

穿越时空的"渴"望

图/文　周德宝

　　2015 年 9 月 12 日，山东省诸城市石桥子镇，"引墙入吴"调水工程施工人员正在进行管道焊接。诸城市按照"水库连通、河流串联、水厂联网、库网融合"的思路，通过政府与社会合作模式，投资近 2 亿元，集中实施水系水网连通工程，构建水源一体、水网一体的水安全保障体系。通过水库连通自流调水、库河贯通梯级提水、水厂扩容联网供水等方式，探索城乡供水一体化新途径。

碧水绕城话民生

图 / 文　高登泽

　　云南省腾冲市在农村水利建设过程中践行人水和谐理念，在具备水源条件的村寨周边都建造了便民洗衣台，极大地方便了当地村民日常用水。图为腾越镇油灯社区村民在洗衣台洗衣。

河道晨曲 [⊙]

图 / 文　梁敏慧

　　阳春三月的清晨，小船从生态示范河道浙江温岭市锦园河划过。近年来，台州市水利局对河道进行改造，逐渐从以水利治水为主向景观绿化、水利建设、防污治污等多管齐下方面转变。生态怡人的河道回归，带来了温岭城区水域甚至整个城市的新生。

专家评审特别奖

人水和谐新渭河

图 / 文　王辛石

　　岐渭湿地公园地处渭河岐山段，治理前这里河道沙石裸露，污水横流；治理后这里成了碧波荡漾、芳草如茵的湿地公园，也成为周边群众休闲健身的好去处。自 2011 年始，陕西省投资 200 多亿元对"母亲河"渭河进行综合整治，渭河正在成为横跨关中的最大景观长廊、最坚固防洪屏障和最美生态公园。

水利精彩瞬间・2015 活动优秀作品集

我国西部部分重要湖泊测量任务全面完成 ▢

图 / 文　张伟革

　　2015 年 11 月 20 日，为期三年的国家水利前期工作重要项目——我国西部当惹雍错等十大重要湖泊测量成果通过水利部专家组审查。这次大规模的西部重要湖泊测量系首次进行。西部部分重要湖泊测量任务艰巨，责任重大。测量人员从 2013 年开始实施西藏色林错、青海扎陵错、新疆乌伦古等十大重要湖泊测量，他们团结奋战，克服严重高原反应及恶劣天气带来的诸多困难，广泛运用 GNSS 定位系统和卫星遥感技术等先进测绘技术手段，获取准确的湖泊水深、水面面积、湖泊容积以及水量等基本特征资料，结束了色林错等西部部分重要湖泊无基本资料的历史，填补了我国国情资料的空白。图为 2015 年 6 月 30 日，测量人员运用 GPS 等先进仪器在西藏当惹雍错测量水下地形。

自来水入村解决农村饮水困难

图 / 文　胡志华

　　2015 年 1 月 10 日，在海南省儋州市新州镇攀步村，几个小孩对着水龙头开心得合不拢嘴。攀步村共有 539 户人家 3680 人，村民祖祖辈辈依靠出海捕鱼为生，由于该村靠近海边，村里的井水矿物质含量特别高，水质很差，村民一直无法喝上安全卫生的自来水，喝水成为了困扰村民的大难题。2014 年，海南省水务厅把该村饮水问题列入为民办实事工程，目前已经有 18 个村庄近 3 万人受益。

用上放心水

图/文 缪宜江

　　在党中央、国务院的亲切关怀下，在水利部的大力支持以及西藏自治区党委和政府的正确领导下，经过西藏几代水利人的努力，截至 2015 年年底，已解决西藏 235.5 万人的饮水问题，3000 多座寺庙，近 4 万僧侣的饮水困难问题得到彻底解决。

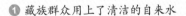

❶ 藏族群众用上了清洁的自来水

❷ 日喀则市扎什伦布寺僧侣用上了干净卫生的自来水

水利精彩瞬间·2015活动优秀作品集

喜用幸福水 📷

图/文 蒋文

　　四川省攀枝花市盐边县格萨拉乡地处高寒山区，水资源十分短缺。为切实解决当地彝族同胞的饮水困难，在各级各有关部门的共同努力下，攀枝花市水务局带领当地干部群众想方设法，跨市、跨州调水解决水源难，多部门整合解决资金筹措难，强化技术指导解决工程建设管护难，于2014年顺利建成有一体化净化设施的盐边县格萨拉乡韭菜坪村高标准集中供水厂。水厂的建成，不仅解决了格萨拉乡韭菜坪村和大湾村两个村421户2300多位彝族同胞的饮水安全问题，使山区群众彻底摆脱了以前靠集蓄雨水生活的历史，极大地改善了他们的生活环境和卫生条件，而且为高寒民族山区发展旅游、富民增收奠定了坚实的基础，当地村容村貌和群众精神状态也随之焕然一新。这组图是格萨拉乡大湾村彝族妇女用上自来水后幸福生活的直观反映。

❶ 四川盐边县格萨拉乡韭菜坪村双牛坪组彝族同胞喜用幸福水

❷ 四川盐边县格萨拉乡韭菜坪村的彝族老大妈杨友色手捧自来水，露出了幸福的笑容

年度提名奖

欢庆隧洞贯通

图 / 文　马生录

　　青海引大济湟工程是从大通河引水，穿越大坂山进入湟水流域的跨流域调水工程。工程主要由"一总、两库、三干渠"组成，即调水总干渠、石头峡水库、黑泉水库、北干渠一期、北干渠二期和西干渠。调水总干渠是青海引大济湟的控制性枢纽工程，承担着从大通河流域向湟水河流域输水的重任，被列入国家 172 项重大水利工程。2015 年 6 月 30 日，历经 9 年建设，全长 24.17 公里的引大济湟调水总干渠隧洞宣告全线贯通。图为建设管理者在现场欢庆隧洞贯通。

会战川东港 【◎】

图 / 文　石伟丰

　　川东港工程是淮河流域重点平原洼地治理项目，批复总投资为 25.35 亿元，总工期 3 年，涉及江苏省泰州和盐城两市。该工程自 2013 年 12 月开工以来，盐城市大丰区盯紧目标，细化任务，夯实措施，抢工会战，有效保证了工程进度和施工质量。图为 2015 年 9 月 4 日川东港工程老川东港段施工现场。

水利精彩瞬间·2015 活动优秀作品集

水美山村

图/文　池晓虹

　　江西婺源县于 2014 年被列入全国水生态文明建设先行示范县。婺源县在推进水生态文明建设中，倡导爱水、护水、节水的理念，并结合婺源水资源丰富和依山傍水的特点，充分做活"水"文章，力求实现水活城市、水美乡村的目标，让老百姓直接感受到水的恩惠。图为婺源县汪口村。

25

一丝不苟 ［◎］

图 / 文　吕文春

　　2015 年 5 月 30 日，在贵州盘县出水洞水库工程导流洞施工现场，专业技术人员在进行施工测量。该中型水库工程以盘县盘北产业供水为主，承担着玛依、民主、新民、老厂、忠义等乡镇生产生活用水和农田灌溉任务。工程总投资 17.2 亿元，总库容 6884.2 万立方米，年供水量 5505 万立方米，最大坝高 109.5 米，供水管道总长 50.406 千米，于 2014 年 8 月开工建设，各单项工程正在紧锣密鼓地进行组织建设。

圈内决战 【◎】

图 / 文　吕文春

　　2015 年 10 月 20 日，贵州省盘县卡河水库输水系统工程提水泵站施工现场，工人们正在紧张作业，力争按工期目标完成建设任务。该中型水库工程总投资 3.4 亿元，是为保证盘县盘北工业园区供水而投资兴建，总库容 2008 万立方米，年供水量 1670 万立方米。工程于 2012 年 8 月开工建设，目前，大坝枢纽工程已全面完工，移民安置工作也已结束，水库输水系统工程正在如火如荼地建设中。

节水灌溉支撑现代农业

图 / 文　刘浩军

　　2015 年 6 月 24 日，江西省永丰县罗铺垦殖场惠丰农业科技示范园内，工人们正在安装苗床喷灌滴管。为了保障农业生产旱涝保收，永丰县开源、节流两手抓，近 5 年每年投资 1000多万元，应用渠道防渗、喷灌、微喷灌、渗灌和滴灌等节水技术，有效提高了水资源的利用率，实现节水增收。

松涛水库天湖云海

图 / 文　陈元才

　　海南省儋州市松涛水库松涛天湖大坝风景区，云雾笼罩在水库上空，风景优美，犹如人间仙境。

把好"生命之水"第一关 【◎】

图/文　李婕

　　密云水库是北京唯一的地表饮用水水源地，被誉为首都的"生命之水"。夕阳西下，北京市水环境监测中心密云水库分中心的化验员们采样归来，现场进行水温测定和水样固定。万道金光洒向水库，她们工作的剪影构成一幅极美的画卷。图为一名化验员正在进行水样检测。

密云水库保障首都用水 🔘

图/文 李婕

　　2015 年，随着丹江口水源地一泓清水奔流北上，作为首都"大水缸"的密云水库担负起了南水北调来水的调蓄任务。密云水库管理单位积极协调南水入库。11 月 23 日 8 时，密云水库蓄水量达到 10.012 亿立方米，南水入库每日近 100 万立方米，而 2014 年的同期蓄水量仅为 8.753 亿立方米。

检查供水设备　保障饮水安全

图 / 文　杨良强

　　贵州水投水务绥阳有限责任公司于 2013 年 4 月成立，主要从事水源工程建设的投资、建设、经营管理及相关增值服务，城镇民用和工业供排水、水污染防治、污水综合处理、中水回用项目及相关配套设施的投资、建设和经营管理，水环境治理和水生态建设项目的投资、建设和经营管理，水务产业投资开发项目的对外经济技术合作，出资人决定的其他投资和经营管理事项等业务。图为水厂职工正在检查设备。

黔中水利枢纽工程渡槽吊装

图 / 文　杨良强

　　2015 年 6 月 8 日，黔中水利枢纽工程工地总干渠青年队渡槽钢模具吊装正在进行。

　　黔中水利枢纽工程是贵州省首个大型跨地区、跨流域长距离调水工程，是贵州省西部大开发的标志性工程。工程拟在位于长江流域的乌江干流三岔河修建总库容 10.8 亿立方米的水库，将水引入黔中地区 10 多个市、县的 49 个乡镇，解决这些地区的农业、工业、生活、城市等用水问题，覆盖面积达 4711 平方公里。干渠总长 156.5 公里，总灌溉面积 65.23 万亩 ❶，可以解决 39.5 万人的饮水困难问题。图为黔中水利枢纽工程总干渠青年队渡槽钢模具吊装现场。

❶ 1 亩 ≈ 666.67 平方米。

海河上的皮衩汉子

图／文　张磊

　　皮衩，即连体式橡胶下水服，是海河打捞工作人员的标准装备。每年 5 月，海河水草进入生长旺季，大量聚集的水草会给河道环境面貌及水质造成不利影响。每到此时，天津市海河管理处打捞队的工人师傅们，便会身着皮衩下河将水草拔除，再将水草聚拢一处，等待清理船统一打捞。"皮衩汉子"每次下水作业时间长达数小时，在工作中不仅要忍耐疲劳和水下的低温，还要冒着被河道内异物划破皮衩的危险，工作艰辛可想而知。近年来，天津市不断加大水环境治理及保护力度，连续实施三年清水工程和清水河道行动，在全市推广河道水环境"河长制"管理模式。在全市水务工作者的共同努力下，天津城市河道实现了水清岸绿景美，中心城区基本消除了劣 V 类水体，为今后进一步改善全市水环境面貌奠定了坚实的基础。

②

第一集团军官兵转移受灾群众

图 / 文　张勇

　　2015年6月，多年不遇的特大洪涝灾害连续袭击江苏常州，经开区（原戚墅堰区）因地势低洼，成为重灾区，人民群众生命财产受到严重威胁。驻锡第一集团军某部官兵，乘舟在街道、居民楼间拉网排查，分秒必争转移营救被困群众。现场的志愿者、已被安全转移的群众也自发加入，军民凝心聚力，众志成城的场景，震撼着在场的每一个人。

城乡统筹区域供水管网通达镇工程

图/文 张维涛

　　图为 2015 年 4 月 17 日，江苏省连云港市赣榆区青口镇供水管网铺设工程现场。赣榆区 2014—2015 年度区域供水管网工程，投资 4 亿元，铺设供水管网 270 千米，解决全区 15 个镇范围内的农村饮水问题。

水利精彩瞬间·2015活动优秀作品集

解"惑" 〔图〕

图 / 文　凌长启

　　2015 年 5 月 21 日，湖南沅陵县在马底驿乡启动农村法制宣传月活动，县水利局派员积极参加水利改革发展政策的宣传，消除群众在投身水利建设中的疑惑。

奉献如歌 【📷】

图 / 文　唐伟

　　2015 年隆冬季节，治淮骨干工程淮河干流蚌埠至浮山段治理工程花园湖建设工地，广大建设者克服天气影响，在确保质量的前提下，千方百计加快施工进度。截至 2015 年年底，90% 以上的工程招标工作已完成，征地移民和工程建设均取得了突破性进展。图为施工工人在绑扎脚手架。

水利精彩瞬间 · 2015 活动优秀作品集

福建向金门供水工程正式动工建设

图 / 文　朱旭宁

　　2015 年 7 月 20 日，海峡两岸业主代表在金门县签订供水合同，至此，历时二十余载的金门自大陆引水计划在两岸共同努力推动下，终于突破了"最后一公里"。10 月 12 日，福建向金门供水工程大陆段率先动工建设，有望于 2016 年 10 月完成，并具备通水条件，届时"两岸共饮一江水"的梦想将照进现实。

图 / 文　黄良明

　　陕西省白河县投资 1000 万元建设县城汉江第二水源工程。该工程位于汉江右岸白河县城内，工程铺设主管道经过丛林陡坡，战线长、施工难度大，工人克服困难进行管道安装施工。第二水源工程主要解决城区 3.5 万人、山地中高区 1.5 万人、山地低区 2 万人的饮水困难问题。工程完工后，白河县城群众饮水困难问题将从根本上得到解决。

年度提名奖

调水源头监测人 ⊙

图/文 谭军

2015年，是举世瞩目的南水北调中线工程正式通水的第一年。为及时掌握大坝蓄水初期运行情况，确保"一泓清水永续北上"，丹江口水力发电厂监测人员不辱使命，恪尽职守，通过增加监测频次，扩展测绘点，严控数据质量，全面监测加高后的枢纽运行工况及水库较高水位的安全状况，为保障枢纽安全运行提供了翔实的第一手资料。

年度提名奖

❶ 渗流监测

❷ 野外就餐

❸ 精心测量

❹ 线路采集

圆梦 【o】

图/文 梁喜辉

　　近年来，江苏省阜宁县坚持把农村饮水安全作为全县"民生八有实事"的重要内容，加大推进力度，全县各镇区成立二级供水公司，建成60平方米以上的服务大厅，配备6名管理服务人员，安装 ATM 自助缴费机，在全国供水行业率先应用 RFID 用户电子信息标签卡，实现了用水户自主缴费。

[活动总结及获奖名单]

由水利部水情教育中心（中国水利报社）主办的"发现水利精彩瞬间·2015"活动圆满结束。该活动得到了水利系统单位和广大职工的广泛响应和大力支持，多家媒体对此进行了追踪报道。活动取得了良好的社会效益。

一、活动情况

2015 年，水利部水情教育中心（中国水利报社）成功开展了"发现水利精彩瞬间·2015"活动，通过发动广大水利职工运用手中的相机或手机"发现－拍摄－传播"身边的"水利精彩瞬间"，以影像展现了水利人工作和生活的风采，展示了水安全保障体系建设的成效和风貌，为新时期水利改革发展营造了良好的舆论氛围。

活动从 2015 年 6 月 15 日启动，历时 7 个月，共收到全国参选作品 2400 多幅，内容涵盖了水利工程建设、社会管理、水生态文明、人物风采等多个方面。

经过广泛征集、专家筛选以及三个渠道的投票，最终评选出 2015 年度水利精彩瞬间年度大奖 10 名、专家评审特别奖 5 名、年度提名奖 20 名，本次活动还评选出 5 个获优秀组织奖的单位。

活动体现了如下几个特点——

专家在研讨会上对 2015 年的活动
提出意见和建议

★ 1. 活动得到了水利系统单位和广大职工的广泛响应和大力支持

在活动启动之初，全国各流域、省（自治区、直辖市）水利厅（局）的官方网站均在显要位置发布了活动的公告，积极转发活动通知，配合组织本地区活动的开展；在活动开展期间，广大参与者踊跃投稿，许多参与者在官方微信、QQ群等媒体平台上建言献策，积极互动；在年终的10天公开票选阶段，有近36万人次参与网络投票，4000余人参与微信投票，各流域委、各省（厅）全部参加单位投票环节。影响范围之广、关注度之高、参与人员之多，是近年类似活动中少有的。

★ 2. 照片质量高

拍摄角度、色彩、构图、主题等都呈现出了较高水准，在一定程度上代表了行业同类图片的高水准。

★ 3. 活动得到了社会各界和广大媒体的关注和认可

新华网、人民网、中国网、腾讯网等多家媒体对活动进行了追踪报道，社会媒体纷纷转载；许多社会人士和摄影专家对参选的照片给予了高度评价。

北京卫视主持人罗旭认真看完60组参评图片后说，60组图片令人印象深刻，其中既有战斗在秦岭深处的汉子们挥汗如雨的细节，也有众人观瀑的宏大场景；既有水利工人的酸甜苦辣，也有水利科学家检测时的一丝不苟，惊喜一次次地涌现。要去寻找选择、比较出最好的那组照片，确实是一件很难的事情。

摄影大师胡时芳认为，这些水利摄影作品很生活，让大家知道喝的每一口放心水背后，有那么多人的付出和辛劳，有那么多动人的故事。

评审会上，专家评议参赛作品

二、总体评价

近年来，主办方紧紧围绕新时期中央治水方针和水利部党组中心工作开展宣传报道，全方位、多视角反映水利改革与发展成就，在提高舆论引导能力、创新新闻宣传实践等方面，进行了坚持不懈的努力和持之以恒的探索。水利精彩瞬间摄影活动正是创新探索中的一次大胆尝试，活动不仅以大众喜闻乐见的方式传递了水利行业的正能量，而且呈现出社会关注度高、参与人员多、影响范围广、宣传效果强等诸多新的特色和亮点，真正实现了向社会多角度展示水利、诠释水利，吸引社会公众关注水利、支持水利的预定目标和良好效果。

这次活动的成功举办，为今后的新闻宣传实践提供了借鉴和参考，主要体现在以下几个方面——

★ 1. 这是行业第一次成功举办纪实摄影活动，弥补了水利摄影的短板

以往水利摄影多为风光摄影。水利行业也有一批高水平的水利风光摄影大师，也涌现出一批优秀的风光摄影作品。但仅有这些不足以全面反映水利行业工作取得的成绩，不足以反映水利人工作生活的酸甜苦辣。本次活动的成功举办，是水利纪实摄影的一次有益尝试，为水利纪实摄影的发展打开了一扇大门。

★ 2. 为优秀的水利纪实摄影人才的培养提供了平台

此次活动，发现了许多优秀水利纪实摄影人才，为水利行业搭建了纪实摄影人才平台。从活动中可以发现，很多有志于从事水利纪实摄影的水利职工散落在全国各地，他们只是凭借自身对纪实摄影的热爱去努力实践，拍摄水平和技术亟待提高。中国水利报社作为行业权威的新闻媒体，有责任、有义务聚集行业中纪实摄影爱好者，共同推动水利纪实摄影的发展。下一步，还要在活动中增加互动环节，给大家更多实践和交流机会。

★ 3. 为社会认知水利、关注水利提供了便捷路径

现在是读图时代，视觉文化已经成为当今一种主导性的、全面覆盖性的文化潮流。因此，我们也应该紧跟时代发展步伐，通过图片等视觉文化产品展示水利工作成绩，让社会更便捷地了解水利、关注水利、支持水利。

水利精彩瞬间·2015活动优秀作品集

获奖作者"全家福"

水利精彩瞬间·2015活动优秀作品集

《光明日报》对本次活动的报道

《中国水利报》及时对重点选题进行报道，抓住每个重点选题
的精彩瞬间，反映水利行业的重点工作和水利人的精神面貌

50

人民网刊登本次活动的部分优秀作品

摄影中国网刊登本次活动的部分优秀作品

新华网刊登本次活动的部分优秀作品

腾讯网刊登本次活动的部分优秀作品

水利部网站刊登本次活动的部分优秀作品

"发现水利精彩瞬间·2015"活动获奖名单

一、2015 年度水利精彩瞬间年度大奖（按姓氏笔画排序）

排涝抢险	王林洪
水库医生——生命之水的"守护神"（组照）	刘 蒙
高温下的饮水安全工程建设者（组照）	肖本祥　蔡 辉　杨良强
整治中的骆马湖非法采砂船	李民政
战斗在秦岭深处的真汉子（组照）	杨玉田
勇敢的水文人	杨晓锋
一根管子定成败	张 强
穿越时空的"渴"望	周德宝
碧水绕城话民生	高登泽
河道晨曲	梁敏慧

二、2015 年度水利精彩瞬间专家评审特别奖（按姓氏笔画排序）

人水和谐新渭河	王辛石
我国西部部分重要湖泊测量任务全面完成	张伟革
自来水入村解决农村饮水困难	胡志华
喜用幸福水（组照）	蒋 文
用上放心水（组照）	缪宜江

三、2015 年度水利精彩瞬间年度提名奖（按姓氏笔画排序）

欢庆隧洞贯通	马生录

会战川东港	石伟丰
水美山村	池晓虹
一丝不苟	吕文春
圈内决战	吕文春
福建向金门供水工程正式动工建设	朱旭宁
节水灌溉支撑现代农业	刘浩军
松涛水库天湖云海	陈元才
把好"生命之水"第一关	李　婕
密云水库保障首都用水	李　婕
检查供水设备　保障饮水安全	杨良强
黔中水利枢纽工程渡槽吊装	杨良强
海河上的皮筏汉子（组照）	张　磊
第一集团军官兵转移受灾群众	张　勇
城乡统筹区域供水管网通达镇工程	张维涛
解"惑"	凌长启
奉献如歌	唐　伟
最美饮水安全建设者	黄良明
圆梦	梁喜辉
调水源头监测人（组照）	谭　军

四、2015 年度水利精彩瞬间优秀组织奖（按行政区划排序）

江苏省水利厅　山东省水利厅　湖北省水利厅　云南省水利厅　陕西省水利厅

图书在版编目（ＣＩＰ）数据

水利精彩瞬间·2015活动优秀作品集 / 中国水利报
社编. -- 北京 : 中国水利水电出版社，2016.5
ISBN 978-7-5170-4353-9

Ⅰ．①水… Ⅱ．①中… Ⅲ．①水利工程－中国－摄影
集 Ⅳ．①TV-64

中国版本图书馆CIP数据核字(2016)第110340号

书　名	水利精彩瞬间·2015活动优秀作品集	
作　者	中国水利报社　编	
出版发行	中国水利水电出版社	
	(北京市海淀区玉渊潭南路1号D座　100038)	
	网址: www.waterpub.com.cn	
	E-mail: sales@waterpub.com.cn	
	电话: (010) 68367658 (发行部)	
经　售	北京科水图书销售中心 (零售)	
	电话: (010) 88383994、63202643、68545874	
	全国各地新华书店和相关出版物销售网点	
排　版	中国水利水电出版社装帧出版部	
印　刷	北京瑞斯通印务发展有限公司	
规　格	285mm×210mm　16开本　3.5 印张　40千字	
版　次	2016年5月第1版　2016年5月第1次印刷	
定　价	55.00元	

编委会主任	董自刚
编委会副主任	涂曙明　李先明　邓淑珍　张 焱
编　委	张卫东　唐 瑾　毕玉娟　李 平
	席 晶　赵洪涛　李 坤　邵自平
编　辑	唐 瑾　赵洪涛　李 坤　席 晶
	王广林　孙 云　杨 桦　李净云
	唐蔚巍　杜 彤